"画里有话" 动物疫病防控科普知识讲堂

非洲猪瘟排查

简明手册

农业农村部畜牧兽医局
中国动物卫生与流行病学中心

U0256214

中国农业出版社
北　京

图书在版编目（CIP）数据

非洲猪瘟排查简明手册 / 农业农村部畜牧兽医局，中国动物卫生与流行病学中心编. — 北京：中国农业出版社，2018.10（2019.1重印）

（"画里有话"动物疫病防控科普知识讲堂）

ISBN 978-7-109-24747-5

Ⅰ.①非… Ⅱ.①农… ②中… Ⅲ.①非洲猪瘟病毒—诊断—手册 Ⅳ.①S852.65-62

中国版本图书馆CIP数据核字(2018)第234451号

中国农业出版社出版

（北京市朝阳区麦子店街18号楼）

（邮政编码 100125）

责任编辑 黄向阳 弓建芳

北京万友印刷有限公司印刷 新华书店北京发行所发行

2018年10月第1版 2019年1月北京第2次印刷

开本：710mm×1000mm 1/24 印张：1

字数：20千字 印数：17001～22000册

定价：10.00元

（凡本版图书出现印刷、装订错误，请向出版社发行部调换）

"画里有话"动物疫病防控科普知识讲堂之
非洲猪瘟编委会

非洲猪瘟排查简明手册
编写人员

主　　编　张永强

副 主 编　张秀娟　孙永健

编　　者　（**按姓氏笔画排序**）

王永玲　王淑娟　刘雨田　孙永健　李金明

吴晓东　张永强　张秀娟　徐天刚　康京丽

韩　焘

主　　审　黄保续

出品单位　农业农村部畜牧兽医局

中国动物卫生与流行病学中心

综述

根据非洲猪瘟临床症状、剖检病变、流行病学关联等特点开展排查工作，找到感染猪，采取无害化处理和消毒措施，消灭病原，切断传播途径，就能有效防止疫情蔓延，成功消灭非洲猪瘟！

排查工作是防治非洲猪瘟的重要环节，要做好排查前、中、后的各项准备工作。

排查前准备

准备生物安全防护用具、采样工具以及用于调查和废弃物回收等用品。

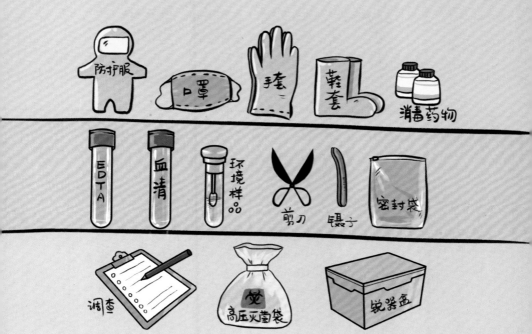

防护服　口罩　手套　鞋套　消毒药物

EDTA　血清　环境样品　剪刀　镊子　密封袋

调查　高压灭菌袋　锐器盒

常用消毒药物和使用方法

到达现场

排查人员要在养猪场外穿戴防护服、手套、鞋套，携带排查所需物品进场。

现场排查

根据临床症状排查

高热40.5~42℃

41.5℃

无症状突然死亡

耳、四肢、腹背部皮肤有

出血点或斑

发绀

呕吐、腹泻或便秘

粪便带血

根据临床表现排查

发病猪体温41~42℃，皮肤黄染

呼吸困难，不愿运动，喜聚堆，四肢呈划水状等神经症状

部分猪站立不稳，出现倒地抽搐

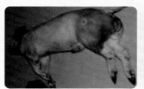

皮肤充血，血样拉稀

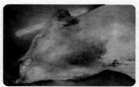

颈部皮肤充血

耳朵末端发绀

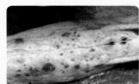

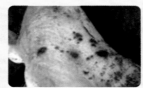

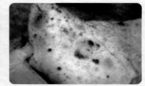

腹部、颈部、耳朵等多个部位皮肤出现坏死点、坏死斑

图片来源：中国动物卫生与流行病学中心

11

根据剖检病变排查

● 最急性病例无症状死亡，肉眼剖检病变不明显。脾脏显著肿大，颜色变暗，质地变脆。

● 淋巴结(特别是胃肠和颌下)肿大、出血，类似血块。

● 肾脏表面斑点状出血。

● 皮下出血。

● 心包积液和体腔积水、腹水。

● 心脏表面(心外膜)、膀胱有出血点。

● 肺可能出现充血和瘀点，气管和支气管有泡沫，严重肺泡和间质性肺水肿。

● 瘀点、瘀斑，胃、小肠和大肠中有凝血，肝充血和胆囊出血。

剖检病变

脾脏肿大

脾脏变脆

淋巴结肿大出血

淋巴结纵切面严重出血

图片来源：中国动物卫生与流行病学中心

心包出血点

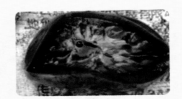

肾脏及肾乳头肿大

肠道外表面出血点

肠内壁出血点

腹腔充满深红色渗出液

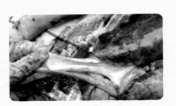

肺部支气管充满渗出物

图片来源：中国动物卫生与流行病学中心

根据流行病学特点排查（流调）

餐厨垃圾喂猪？

近19天有外来猪、车辆、人员、工具进入生产区？

生产区执行严格消毒？

周围有野猪？

采样和填写样品登记单

采样对象

- 无症状突然死亡猪。
- 表现非洲猪瘟临床症状的病猪、死猪。
- 流调显示感染风险高的猪。

样品类型

- **死猪** 采脾脏、颌下和腹腔淋巴结、肾脏。
- **活猪** 采全血、血清。

废弃物、一次性防护装备放入高压灭菌袋，密封，喷洒消毒药物；使用过的刀片、剪刀、镊子放入盛有消毒药的密闭锐器盒；车辆内、外部喷洒消毒。

样品包装：三重包装系统，内附采样单。

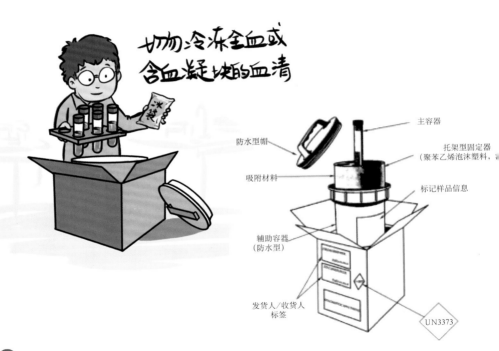

切勿冷冻全血或含血凝块的血清

防水型帽

吸附材料

辅助容器
（防水型）

发货人/收货人
标签

主容器

托架型固定器
（聚苯乙烯泡沫塑料，

标记样品信息

UN3373